造梦家手记系列

打造大家风范

理想·宅编辑部 组编

本书精选十余个案例，为读者呈现的是古典、奢华的家居，于点滴处向读者细述美“梦”的形成。这里有设计领悟，也有创意巧思；有空间的唯美全景，也有角落里的细节特写……相信这一个个“梦”境的展现，也能激起读者造梦的热情。本书图片精美、文字精练，实用性强，可以给读者设计灵感和启发。

图书在版编目（CIP）数据

打造大家风范 / 理想·宅编辑部组编. — 北京：机械工业出版社，2013.7
（造梦家手记系列）
ISBN 978-7-111-43341-5

Ⅰ. ①打… Ⅱ. ①理… Ⅲ. ①住宅－室内装饰设计 Ⅳ. ①TU241

中国版本图书馆CIP数据核字（2013）第158416号

机械工业出版社（北京市百万庄大街22号 邮政编码100037）
责任编辑：张大勇
封面设计：邓丽娜
责任印制：乔 宇
北京画中画印刷有限公司印刷
2013年8月第1版第1次印刷
170mm×240mm · 8.5印张 · 200千字
标准书号：ISBN 978-7-111-43341-5
定价：29.80元

凡购本书，如有缺页、倒页、脱页，由本社发行部调换

电话服务
社服务中心：（010）88361066
销售一部：（010）68326294
销售二部：（010）88379649
读者购书热线：（010）88379203

网络服务
教材网：http://www.cmpedu.com
机工官网：http://www.cmpbook.com
机工官博：http://weibo.com/cmp1952

前言

Fore Word

家对于每一个人来说，就像是心中的一个久违的梦。梦中它的模样或是一处田园的美景，或是一场现代摩登秀；或是一句清雅的古词，或是一曲正在流行的歌……无论梦中的容颜是清雅，还是妩媚；是端庄，还是华贵，都不影响我们将梦实现的愿望。因为造梦家要做的事儿，就是将梦一点点地实现。

本套丛书由理想·宅编辑部倾力打造，共两册，分别为《打造大家风范》和《营造小家碧玉》。《大家风范》为读者呈现的是古典、奢华、气韵流动的家居，《小家碧玉》则为读者摹画雅致、清新、温情散溢的家居。两册图书皆精选十余个案例，于

点滴处向读者细述美“梦”的形成。这里有设计领悟，也有创意巧思；这里有空间的唯美全景，也有角落里的细节特写……相信这一个个“梦”境的展现，也能激起你造梦的热情。

参与本书编写的有：邓毅丰、黄肖、杨柳、孙盼、张娟、于九华、徐磊、马禾午、肖冠军、李峰、安平、孙亮、王伟、王刚、李保华、王勇、赵强、刘全、郝鹏、张晓阳。

Contents

目录

谨以此书献给所有对家有梦想的人……

倾城之恋

Love in a fallen city

爱一个人，或许就能记住所有一起度过的点滴时光；爱一件物，或许就能描绘出它所有的细枝末节；**爱一个家**，或许就没有或许，因为**每一寸空间必定有着倾城的心力**。

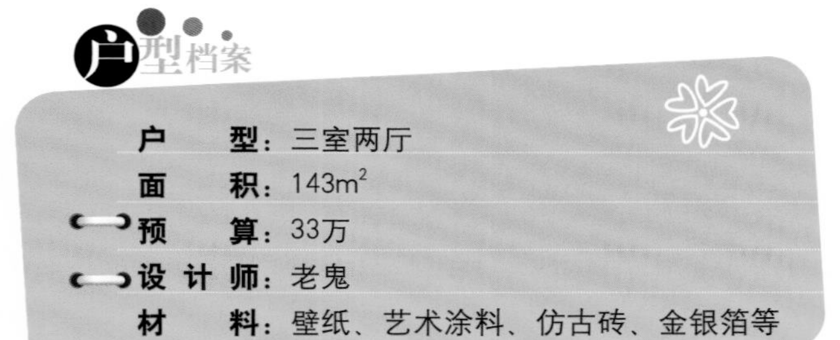

户型档案

户　　型： 三室两厅

面　　积： 143m²

预　　算： 33万

设 计 师： 老鬼

材　　料： 壁纸、艺术涂料、仿古砖、金银箔等

※ **平面布置图**

清逸雅致的古典美

用清逸、雅致的古典美，将心底深藏的感动和期许，轻轻拨动，令其在空间里一层一层地荡漾开来，轻歌曼舞般地投射到家的每一个角落……

1.古典风格的现代演绎，屏弃复杂的肌理与装饰，简化线条，将怀古的情怀与当代人对生活的需求相结合，兼容华贵典雅与现代时尚，设计风格无不体现出一种重装饰轻装潢的原则。**2**.室内墙壁上挂着的数幅油画，以及精致的吊灯和饰品等，把空间点饰的无比清逸、高雅、尊贵……

1

2

简约现代的造型美

用简约、现代的造型美，将脑海中构筑的思想与美景，尽数呈现，令其在空间里一点一滴地蔓延开来，无声无息地讲述着家中的温情……

1.厨餐厅不做分隔，令空间更显通透；在餐厅妆点优雅的花纹图案壁纸，令空间更显精致。**2**.在整个装潢风格和设计风格趋向简洁的今天，欧美古典设计也融入了简洁、朴实的元素，浓厚的历史痕迹背后彰显着后工业时代的现代文化品位。

2

1

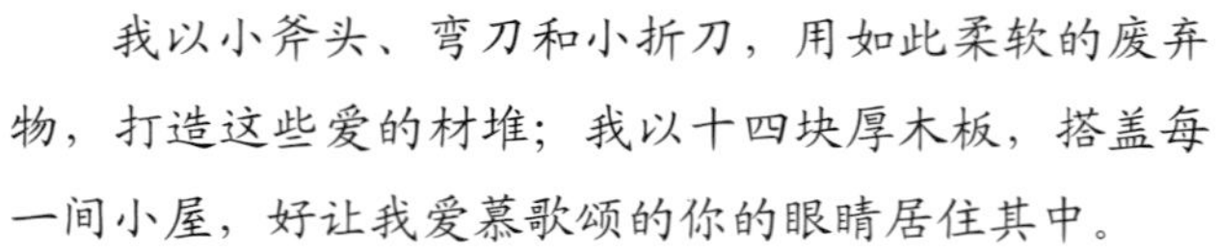

我以小斧头、弯刀和小折刀，用如此柔软的废弃物，打造这些爱的材堆；我以十四块厚木板，搭盖每一间小屋，好让我爱慕歌颂的你的眼睛居住其中。

——聂鲁达《100首爱的十四行诗》

踏实舒适的天然美

用踏实、舒适的天然美，将心底深藏的柔软和温润，化为白日与黑夜的相守，不诉情深，唯愿伴你走过喧闹与安静交错的时空……

轻巧素雅的纯净美

老子曰：“上善若水，水利万物而不争”。沐浴时光，身体发肤与心智灵魂，都在纯善的水中获得完美的释放与沉淀。这个时候，或许只需一只简朴的白瓷浴缸，就已足够包容与水的肌肤之亲。

灵动悠然的格调美

书房颇具格调之美，墙面壁纸深浅搭配，有韵律的变化不会令人感到单调；整体家居力求实用性，没有丝毫多余的用笔，而点缀其间的旧式元素装饰品，则令房间多了些灵动。

倾城之恋
Love in a fallen city

款语温言话家居

如何塑造新古典主义的家居?

1.“形散神聚”是新古典风格的主要特点，在注重装饰效果的同时，用现代的手法和材质还原古典气质。

2.讲求风格，在造型设计时不是仿古，也不是复古，而是追求神似。

3.用简化的手法、现代的材料和加工技术去追求传统样式的大致轮廓特点。

4.注重装饰效果，用室内陈设品来增强历史文脉特色。

一个空间
不仅仅是
一个完美的建筑
一幅精美的画作
当它能让你的内心
变得柔软的时候
它是诗
是居者心灵的吟咏与歌唱

时光往事

Time past

采撷一缕恬然的情思，沉浸在明净、通透的空间，任往事流连：是耳语的温软，是微醺的阳光，是纯雅的心情，也是岁岁年年中，**与你相守的温柔**。

户型档案

户　　型： 四室两厅

面　　积： $180m^2$

预　　算： 29万

设 计 师： 毛毳

材　　料： 珠帘、喷砂玻璃、艺术玻璃、墙壁纸、白镜、 石膏板、乳胶漆、白色亚光油漆等

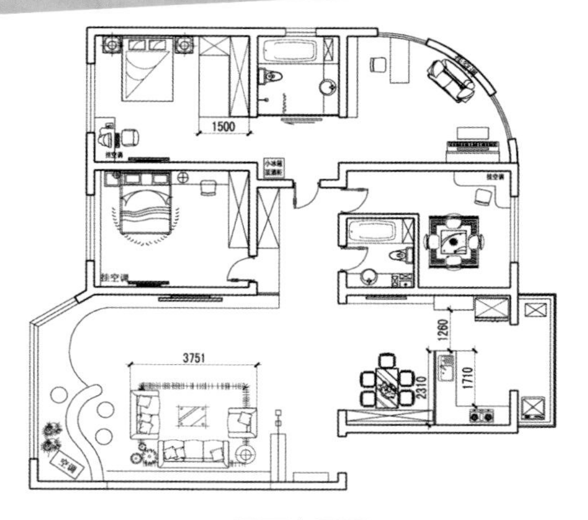

※ 平面布置图

聆听饰品间的交流对话

仔细聆听，会发现宽敞明亮的客厅里充满了对话。高大挺拔的绿植和奢华优雅的沙发，争着当空间里的主角。而沙发上随意搁置的坐垫，如同五线谱上最出色的休止符，恰到好处地停在应该的位置。造型雅致的纯白吊灯从天花垂下，和光洁耀人的地砖，共同携手打造这宁静纯真的气氛。

白色板材与艺术玻璃共同打造的电视背景墙，简洁中透露着时尚的韵味。

在质感丰富的卧室里静享生活

阳光经过窗帘的滤光作用，不再刺眼，营造出虚幻意境的光线效果。被阳光洗过的色彩，令卧室在朦胧中有点微醺的气息。从镜中的角度观看这里，有着一种奇特的感觉，方正的空间，仿若变得更加灵动；金色的羚羊饰品、角落里古朴的花饰、尽显尊贵的睡床，令空间散发着与众不同的魅力。

浴室需要一点细腻及生活的痕迹

浴室是洗尽尘埃的地方，在这里仿若可以听见波浪涌动着的活力，也像是树木年轮静静透露出时间游走的痕迹。净白的浴缸，深色洗手台上雅致的水池，给充满现代简约精神的装修增添一份神韵与用心。于是，在这里现代与古典交融，极简与细腻并存，却让人有了经历沉淀后的放松心情。

1.一席精美的餐桌布置，不仅能为美食增色，更能使空间呈现一种生动而丰满的气氛。典雅高贵的餐布桌台，配以秀颀的烛台、清雅的花束，使每一餐都充满令人期待的浪漫。**2**.和封闭式厨房相比，敞开式厨房最大的优势在于，一体化的餐厨区设计和客厅形成了互通，让人在传统的烹饪时间也能与家人很好地沟通、互动。**3**.造型优雅的书桌和座椅，为书房营造出隽永的韵味；白色的收纳书柜，令空间整洁、有序。**4**.钢琴房中的绿植及装饰品，伴随着流动而出的音符，仿若都有了生命，静静歌唱着生活的美妙与惬意。

2 3

1

4

时光往事
Time past

款语温言话家居

家居饰品的布置如何做好平衡?

1.平衡位置：要想把家居饰品组合在一起，使它们成为视觉焦点的一部分，对称平衡很重要。当旁边有大型家具时，排列的顺序应该由高到低，避免视觉上出现不协调感。保持两个饰品的重心一致也是不错的选择，将两个样式相同的灯具并列、两个色泽花样相同的抱枕并排，这样不但能制造和谐的韵律感，还能给人祥和温馨的感受。

2.平衡数量：一般人在布置新居时，经常想把每样东西都展示出来。其实大可不必如此做，把饰品都摆出来会让房间失去特色和个性。可以先把饰品分类，相同属性的放在一起，然后按照季节或节庆来更换，改变不同的居家心情。

3.平衡大小：从小型的饰品入手，摆饰、抱枕、桌巾、挂件等中小型饰品是最容易上手的布置单品，可以从这些着手，慢慢扩散到大型的家具陈设，小饰品往往更能成为视觉焦点，体现主人的兴趣爱好。

4.平衡风格：布置饰品要结合房间的整体风格，先确定大致的风格与色调，依照这个统一的基调来布置。例如，对于简约的家居设计，具有设计感的饰品就比较适合整个空间的个性。

5.平衡色系：布艺的色系要统一搭配，以增强居室的整体感，装修中的硬线条和冷色调都可以用布艺来柔化。如春天时，挑选清新的花朵图案，让房间里春意盎然；夏天时，水果或花草图案会让人觉得清爽；秋冬季节，可以换上抱枕，温暖过冬。

静谧的色调，极富**江南风韵**的元素，令人仿若跨越繁华都市的阻隔，来到一处柳暗花明的境地，在此体验家中的**清浅韵味**。

户　　型：三室两厅

面　　积：158m^2

预　　算：35万

设 计 师：宋建文

材　　料：墙纸、地砖、地板、线帘、釉面墙砖、马赛克等

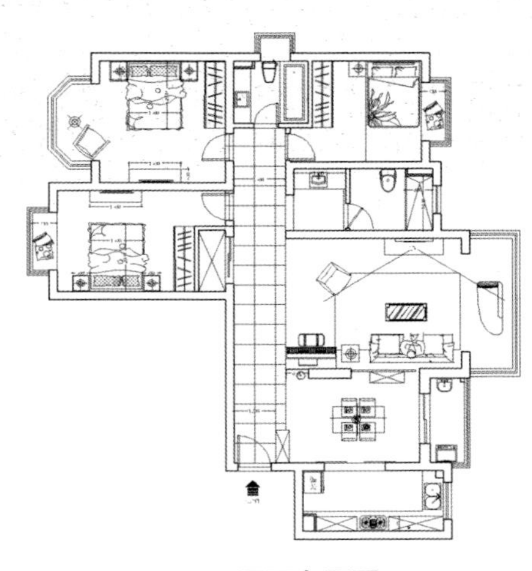

※ **平面布置图**

韵味江南，令家尽显雅致情怀

江南，只闻这两个字，就令人心中泛起柔软的涟漪，是春风拂柳的暖意，是花开恬然的芳醇，是小桥流水的景致，是竹下美人的一抹浅笑……萦一抹情怀，在家中的大小角落埋下“江南”的种子，静待其盛放出一处“清水出芙蓉”的雅境。

雅境江南 Elegant environment

韵·气度

A

江南人家静谧、沉静、贴近自然的气质，令人沉醉。客厅在色彩和造型方面皆不动声色地与整体环境完美契合，纯白、木质家具及清雅的配饰，均营造出移步换景之妙，令江南的气韵盈满整个空间。

雅·情致

B

在客厅柔软舒适的软皮沙发上，或做一场轻梦，静享一米阳光的惬意；或将视线延续到那一盏仿古小灯之上，欣赏一段古韵的雅致，无不令岁月充满脉脉温情。

A
B

C

秀·环境

古韵十足的陶瓷小罐，静好和美的花朵，最是这居室一角玲珑、精致的配饰，仿若将江南秀颀的景色尽数纳入家中。

对页：**1**.干净的床品、素淡的墙纸以及情韵十足的灯饰、衣柜，令主卧延续了整体居室雅致、恬然的气质。 **2**.素雅的卧室中虽不乏现代感十足的数字化产品，但无论是造型独特的家具，还是搁置其间的玉制笔筒、典雅瓷瓶，均于点滴处暗合着空间雅致的基调。**本页**：**3**.餐厅配置简洁中不失情韵，大方的木质桌椅摆放得整洁有序，而桌面上的配置，则丰富了餐桌的表情。**4**.白色调令空间的清洁度大大提高，角落处的一簇牡丹，则为空间增添了一抹春日的气息。**5**.儿童房中丰富的玩具，令素白的空间跳脱出无尽的童趣。**6**. “江南可采莲，莲叶何田田”，洗手台柜面上静放的莲花，令卫浴间的江南韵味更显深浓。而蓦然回首处，洗手台面上典雅的竹、梅字画，及静静盛开的素雅鲜花，刹那间，令空间光华无边。

款语温言话家居

如何营造中式风格的家居?

☆布局篇

中式风格的家居非常讲究空间的层次感，可以在需要隔绝视线的地方，使用中式的屏风或窗棂，通过这种新的分隔方式，使单元式住宅展现出中式家居的层次之美。

☆饰物篇

中式风格家居中的饰品多采用瓷器、陶艺、中式窗花、字画、布艺以及具有一定含义的中式古典物品，这些中式装饰物的数量不用太多，只要摆放的位置恰当，就能起到画龙点睛的作用。

对页：**1**.客卧中无论是古朴的家具，还是素雅的床品，皆体现出生活的质感之美。床边的婴儿床则令沉稳的居室暗露出甜蜜的希冀。**本页**：**2**.客卫优雅的注脚，不仅体现在纯净的色调上，还体现在那一簇鲜花、一幅画作之上。

旧梦恋曲

Dreams of love

家仿若是一支前尘旧梦中奏响的恋曲，唯美中隐藏着欲语还休的温柔，在这里藏匿满怀的秘密与深情。摹画与雕琢，小心与精心，一切的一切，**只为我因你而动情**。

户　　型：三室两厅
面　　积：130m^2
预　　算：29万
设 计 师：秦海峰
材　　料：布艺、窗帘、墙纸、釉面砖、地板、地毯等

※ **平面布置图**

暖色客厅

客厅的基调柔情而温暖，暖黄的色调，仿若跳脱的阳光，为空间带来灿然的表情；客厅一角白色的沙发，为空间带来素洁的容颜，而随意放置的靠枕，则流露着悠然自得的居家韵味；居室中的装饰壁炉虽然造型简洁，但因其周遭的装饰而备受注目，无论是创意烛台，还是优雅的装饰花瓶，以及典雅的圆盘饰品和精美的装饰画，无不为客厅塑造出一流的品位。

韵味餐厅

餐厅面积不大，却韵味十足。古朴又不失时尚感的餐桌配以舒适的座椅，令用餐环境舒缓而灵动；而餐桌上不同类别的餐具及装饰，则令用餐区域情趣顿生；餐厅主题墙上的挂画与客厅中的装饰画，主题呼应，使得空间中写意、雅趣的气氛自然散发开来。

静谧卧室

主卧的风格，颇有旧上海的柔靡感觉。滚花金色镶边的睡床，搭配繁花缠绕的抱枕，以及华贵感十足的毛毯，令空间充满奢懿的气氛；床头柜上搁置的装饰物品，很好地迎合了空间的格调；而卧室中最令人动情的物件，则是角落里的留声机，这一旧上海的标签元素，仿若为无声的空间描摹出一幕十里洋场的妩媚与欢情。

1.客卧主体风格延续主卧，典雅感十足；只因落地窗前一把座椅及边几的出现，就为空间带来了悠然自得的别样气息。**2**.女儿房尽显活泼气息，无论是丰富的色彩运用，还是更具艺术感的装饰，以及舒适、雅致的飘窗，无不体现出来自于一颗年轻心的天马行空。

品位书房

红棕色的地板，搭配同色系的家具，令整个空间充满高强度的协调统一感，而地面上铺置的奶牛花斑地毯，则为这个略显庄重的空间增加了一丝活跃的气息；此外，书柜旁的休闲座椅，也为阅读，带来了舒适的体验。

灵动厨房

厨房区域没有繁复的布置，一字形的棕色木质整体橱柜，为空间展现出质感的魅力；点缀其间的装饰品，则为厨房营造出灵动的气氛。

仅是卫浴间的一角，便可揽尽整个空间的雅致之美，无论是古朴的镜框，还是洗手台上的装饰物，无不为空间表情增色。

款语温言话家居

如何营造安静、舒适的居家环境?

1.家具软装的配置：选用家具时尽量选用木质家具，因为木质家具的纤维多孔性使其能吸收噪声；此外，布艺消除噪声也是较为常用且有效的方法，窗帘的隔声作用最为重要。另外，铺设地毯能消除脚步的声音。

2.墙面材料的处理：墙面如果过于光滑，室内就会产生回声。因此，可选用壁纸、壁布等吸声较好的装饰材料，来减弱噪声。

3.地面材料的选择：天然的软木地板是调节居室氛围的最佳材料，它柔软安全，有着良好的吸声功能，很适合用于私密的卧室和书房。

风雅东方

Elegant oriental

有一种空间，它低调、奢华，骨子里透露出浓浓的文人趣味；有一种气质，它自由、开放，处处显露着海纳百川的胸怀。这就是**“东方”的精神**，在怀旧风盛行的今天，它被定义成一种风格，**代表了经典与复古**。

户　　型： 别墅
面　　积： 260m²
预　　算： 65万
设 计 师： 任清泉
材　　料： 涂料、玻璃、实木地板、大理石、墙纸等

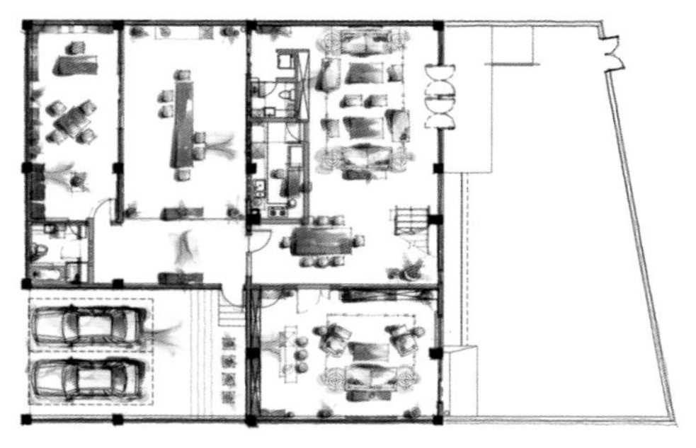

※ 一层平面布置图

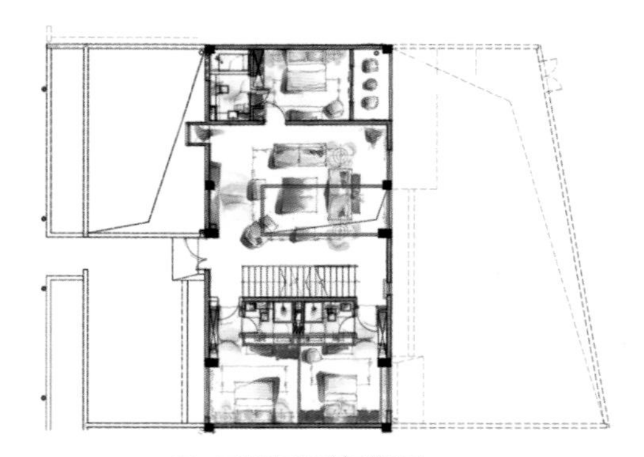

※ 二层平面布置图

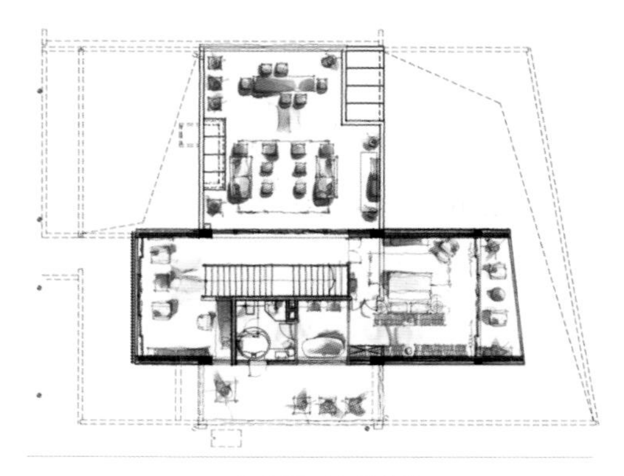

※ 三层平面布置图

风雅的中式格调

本案以现代中式风格来演绎，深色的木地板配浅色的地毯、舒适的沙发，将东方元素表现得淋漓尽致。在对中国传统风格文化充分理解的基础上，将中式语言以现代手法诠释，注入中式的风雅意境，展现了对传统人文、自然现代中式的追求与探索。

合理利用的空间

在空间利用上，充分抓住户型的特点，营造出舒适、通透、合理的使用空间，同时结合地域文化及环境去体现户型的设计特点，力求含蓄而不张扬。这种设计形成独特的形式，体现出简练、舒适、时尚的生活方式，更显空间的尊贵和优雅。

细节的勾画

简洁的家具烘托出鲜明传统中式色彩的元素。如主人房床头背景的万字格图案，独显出细腻的中国传统工艺。设计上大多以现代的装饰作为主线，配以含有中式元素的家具、摆件和配饰，用来营造舒适、温馨的生活气息，带出高贵典雅而又充满宁静的气氛，舒适中突显出独特的中式设计风格。

1.餐厅与客厅合二为一，在风格上做了很好的统一，无论是色调，还是饰品的选择，都体现着一种中式的优雅。**2**.中规中矩的对称设计中，因古朴的睡床和灯饰的点缀，令这间卧室散发着沉稳的气质，但又不显沉闷。

1

2

3

4

3.别具一格的厨房，因玻璃的通透，而尽显整洁、有序。**4**.卫浴中用一束清雅至极的百合，来中和整体色调的沉重，活跃了空间的表情。

款语温言话家居

风雅东方
Elegant oriental

中式风格的家居有哪些特点？

中国风的构成主要体现在传统家具、装饰品及黑、红、棕为主的装饰色彩上。室内多采用对称式的布局方式，格调高雅，造型简朴优美，色彩浓重而成熟。中国传统室内陈设包括字画、挂屏、盆景、瓷器、古玩等，追求一种修身养性的生活境界。中国传统室内装饰艺术的特点是总体布局对称均衡，端正稳健，而在装饰细节上崇尚自然情趣，花鸟、鱼虫等精雕细琢，富于变化，充分体现出中国传统的美学精神。

墨香清唱，
一曲碧水流觞；
花香弥漫，
一处良辰美景。
萦一抹情怀，
迂回曲折中，
体验家的温情；
塑一份心境，
御风而行间，
领略家的情调。

变奏曲之家

Home variation

在音乐中的变奏，由舒缓到激昂，由欢快到悲戚，极端的转变中，又有着和谐的过渡，如此多样的情绪，令人也不禁随着或舞之蹈之、或忧之叹之。家中的混搭风，于此乐风不谋而合，牵动起**风云迭变、暗潮涌动的创意无限。**

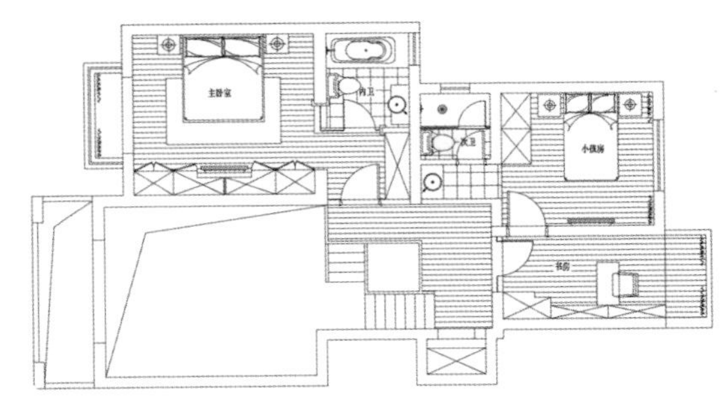

※ 一层平面布置图

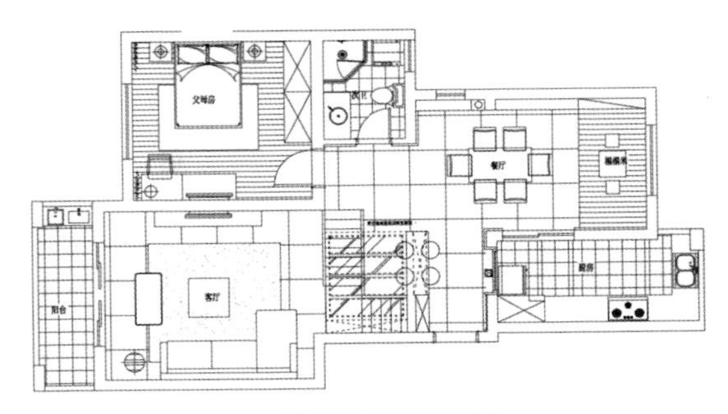

※ 二层平面布置图

户　　型：跃层
面　　积：165m²
预　　算：31万
设 计 师：巫小伟
材　　料：实木板、仿古砖、墙纸、釉面砖、玻璃、马赛克等

为艺术而癫狂

每个人都试图彰显与众不同，却常常徒劳无功。一件件独特的单品，反而营造出平淡乏味的效果，出其不意的个性化才是出挑的要点。一种毫无章法的风格，两种不合时宜的混搭，三种以上的冷暖色冲撞……谁说家不可以成为艺术品，只消你愿意当它的作者。

欧风灯饰的运用，华丽而不张扬；几分中国风的壁纸搭配西式油画，出位但不存心搞怪。

匠心独具的餐厅，不仅满足了就餐的基本功能，同时将靠窗的一侧抬高，打造成一个休闲区，令空间更具层次感。

创意无极限

你是否想过家中的餐厅，在用于吃饭之外，还将是一个小型的物品陈列馆，又或将拥有一个惬意无比的休闲领地，甚至你还能在此看到户外运动的用具……不用着急摇头质疑这种想法天马行空、不合逻辑。其实，创意实现之后，所带来的震撼与惊喜，绝非三两言语能够道尽。

给家打个精致的底子

用心研读家中的每一个细节，甚至不要放过楼梯的转角，这不是迂腐，而是对于生活品质的一种完美追求。胜券在握，给家定一个基础调子，用装饰及材料作为给家打精致底子的道具，便可于管中窥豹中，领略居室的整体之美。

1.卧室没有太多复杂的装饰与搭配，整体显得清爽而素净，却也成就出不一般的美感。**2**.没有绚烂的色彩，没有跳跃的装饰，将丰富的情感融于简约的格调中，在此清心，在此阅读。**3**.厨房很好地引入了自然光，加上白色橱柜的运用，整个空间光感十足。**4**.浴室中最亮眼的无疑是几处木质家具的运用，尤以木质浴缸为甚，独居角落，却气场十足。

4

2

1

3

变奏曲之家 Home variation

款语温言话家居

如何掌握混搭风格家居中的“度”？

“混搭”风格的家居是一种艺术，需要通过巧妙的解读，在形散神不散的界限中，打造属于自己的艺术世界。一般来说中西元素的混搭是主流，其次还有现代与传统的混搭。在同一个空间里，不管是“传统与现代”，还是“中西合璧”，都要以一种风格为主，靠局部的设计增添空间的层次。

混搭风格的家居需要注意哪些原则？

1.家具混搭原则：中式与西式，古典与现代家具的搭配黄金比为3:7，因为中式和古典家具的造型和色泽都十分抢眼，太多就而会显得杂乱无章。

2.材质混搭原则：金属、玻璃、瓷、毛皮等比较特殊的材质尽量作为点缀；木质、皮质、塑料等比较稳重的材质可以相对大面积使用。一般来说，木质是“万能”材质，任何色彩、其他材质都可以与之搭配。

3.装饰混搭原则：用装饰品进行混搭是最简单也最出效果的办法，但装饰品切忌多、杂、乱，一个空间内陈列3、4件不同风格的装饰品足矣。

纯美空间

Pure space

静谧的情致，恬然的表情，塑一份超然的心境，为家营造一个纯美的环境，**静享四季轮回中，令人动容的美景**。

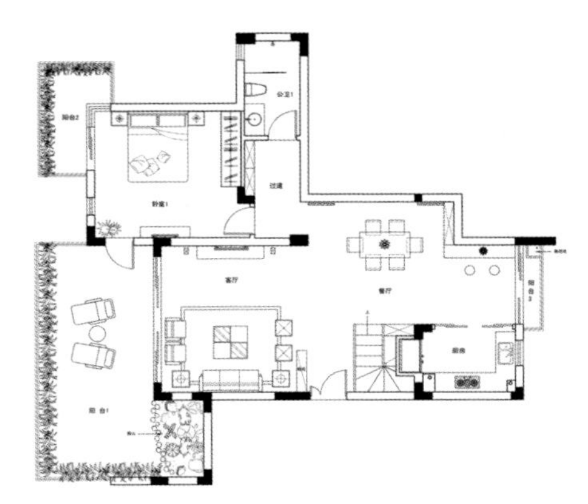

※ 一层平面布置图

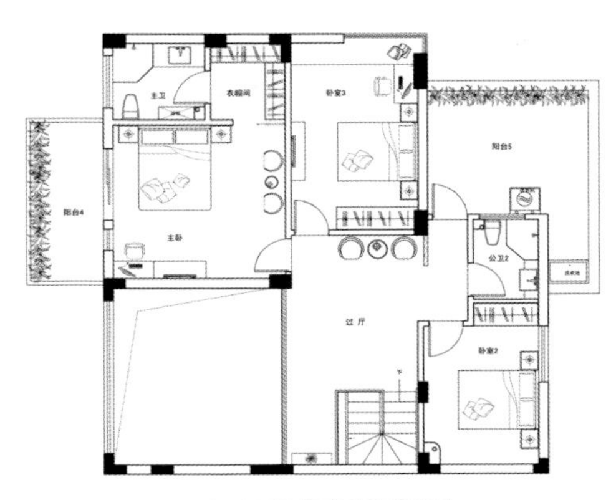

※ 二层平面布置图

户　　型：别墅

面　　积：260m²

预　　算：45万

设 计 师：王五平

材　　料：多乐士乳胶漆、抛光砖、墙纸、水晶灯等

洋溢现代美学观念的客厅

空间洋溢着现代美学观念，对构造细节的关注度以及人体力学的合理运用高于任何界面的装饰，简洁舒适的沙发与装饰地毯相搭配，令空间陈设更是兼顾美观与弹性。简约的设计手法为家居空间的再次组合和利用创造了应有的价值，同时也表达了主人对生活品质的追求。

静谧而不素淡的卧室

不折不扣的空间规划，刚柔并济的形体混搭，简洁流畅的设计手法，纯色与时尚花案的相融相成，令静谧的卧室空间无处不表达出一种对精致生活的极致追求。

具有视觉感染力的餐厅

餐厅设计极具视觉感染力，两边镂空线条的屏风造型营造出一个主题墙的感觉，点缀其间的两幅黑白装饰画，丰富了墙面的表情。最引人注目的是“X”形黑白脚餐桌，造型感十足的设计，令空间气场升级。

将客厅空间中的一角设计成一个酒吧台，亦可当早餐台，不仅优化了空间的实用功能，也为空间带来了一份创意之美。

尽显纯然、雅静风情的厨房

厨房无论是色彩，还是材料的运用，皆体现出一种纯然、雅静的风情。咖啡色橱柜和白色料理台，搭配纯白瓷砖的地面，整体风格简单清爽。

减掉空间的重

在家居空间中，并非家居、装饰越多，色彩越丰富，就越能体现美感。过多的用笔，反而会令空间略显杂乱。因此，适时减掉空间的重，是一个值得运用的家装理念。本案中玄关色调与整体空间吻合，仅用造型简单的鞋柜，为家居中的收纳，提供便捷。

家居中如何巧用摆放，来放大视觉空间，是值得玩味的课题。本案中，在二楼空余空间，将休闲座椅摆放在靠墙位置，既增加了空间的实用功能，又使交通空间变得集中，还起到拓宽居室的作用，可谓是摆放技艺，带来的是一举多得。

纯美空间 Pure szpace

款语温言话家居

居室中的家具有哪些摆放技巧?

1.家具的布置格式大体可分为两种，即围基式和中隔式。围基式即将家具沿着四壁陈设，常将床也靠墙摆放。这种格式简洁明快，可以增加室内的活动区域，能体现出亲切宜人的生活气息。中隔式即利用组合柜等高大家具将较大的房间分隔开。这样可以使空间具有两种功能，既独立又互相保持联系。

2.确定家具在室内的具体位置，首先要考虑人的活动路线，尽可能简捷、方便、不过分迂回、曲折；其次家具的周围要有足够的空间，以保证人们能够方便地使用家具。如果把家具布置得过于分散，将室内的面积分成一条条或一块块，不仅显得凌乱，还会给人们的活动和使用家具带来诸多不便和困难。

欧风古国

European wind civilization

15、16世纪的欧洲，以其古典、优雅的建筑和高雅、奢华的生活，缭绕出一幕引人入胜的梦境。在家中融入欧风元素，**领略徜徉在欧洲古国华丽殿堂的风情**。

户　　型：别墅
面　　积：$500m^2$
预　　算：125万
设 计 师：巫小伟
材　　料：大理石、仿古砖、抛光砖、银镜、墙纸、地板、实木等

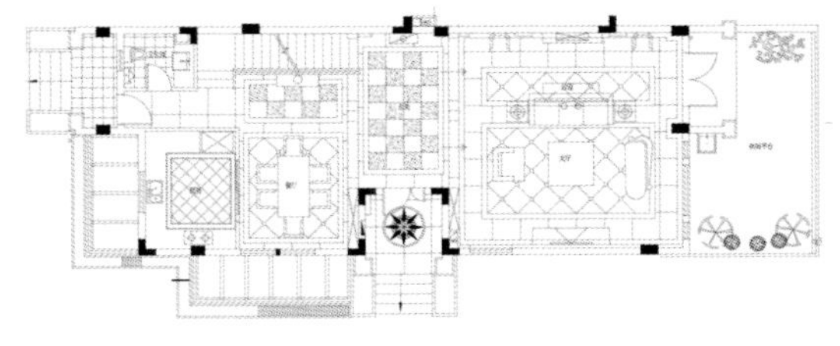

※ 底层平面布置图

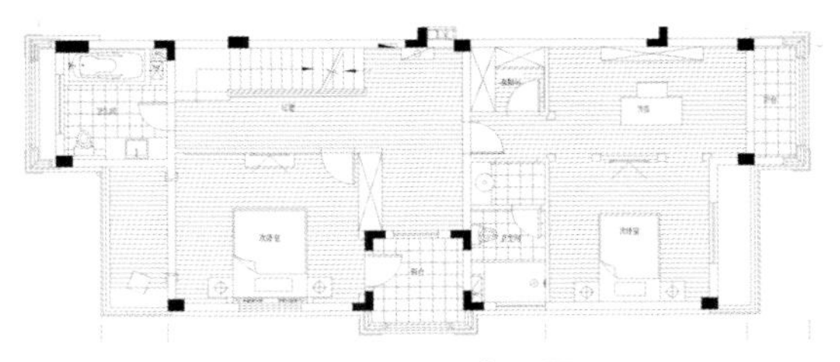

※ 一层平面布置图

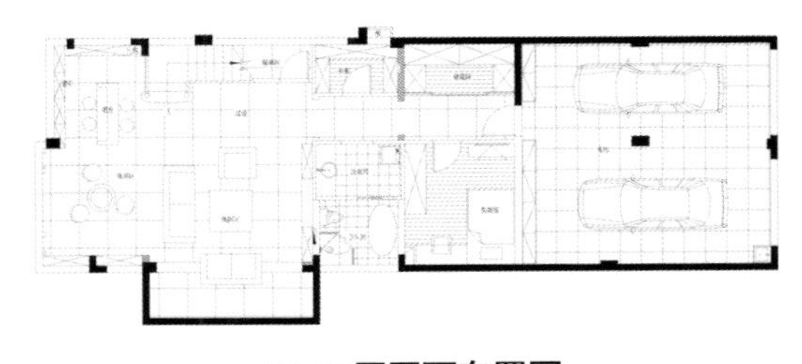

※ 二层平面布置图

※ 三层平面布置图

风格秀

奢懿

本案中的入户大堂极为奢华，石材地面、穹顶、罗马柱，简单的勾勒尽显大气典雅，顷刻奠定了大宅基调。

古韵

无论是仿若流水般造型的书柜，还是典雅的书桌，甚至是一幅随意放置的装饰画，以及各种装饰物的呈现，无不令书房空间散溢着浓浓的古韵。

气度

无论是楼梯转角处搭配大理石台面的实木吧台，还是展示柜中精美的雕塑、沉淀文化气息的托盘以及浓情融融的红酒、香槟；无论是空间一角极具中式风情的装饰画、装饰柜、装饰品，还是空间中厅华贵感十足的沙发，皆为负一层的空间营造出十足的气度。

典雅

入户大堂右边的客厅，设计上干净利落，通过软装营造高贵、典雅的气氛。颜色搭配既通过黑白灰为底色的沙发组合，塑造出优雅的氛围，同时又使用华丽、浓烈的窗帘体现雍容之态；而水晶灯、花架、饰品等，则把空间妆点得分外妖娆。

空间秀

本页：**1**.主卧铺设了深色地板，与之对应的是墙面、睡床的用色皆十分淡雅，这种看似反差极大的配色，不仅不显突兀，还为空间增加了层次感。**2**.客卧以浅粉、雅白为基调，配以图案丰富的壁纸，间或搭配华美灯饰以及精致家具，令整个空间尽显欧风优雅。**对页**：**3**.从木门上的雕花到镜框的造型，从灯饰的选择到大理石材质的运用，主卫空间处处皆显现着浓郁的欧式风情。**4**.客卫在延续主卫浪漫、优雅的基调之上，又颇具特色，方格瓷砖及地砖的运用，令空间多了一份灵动。

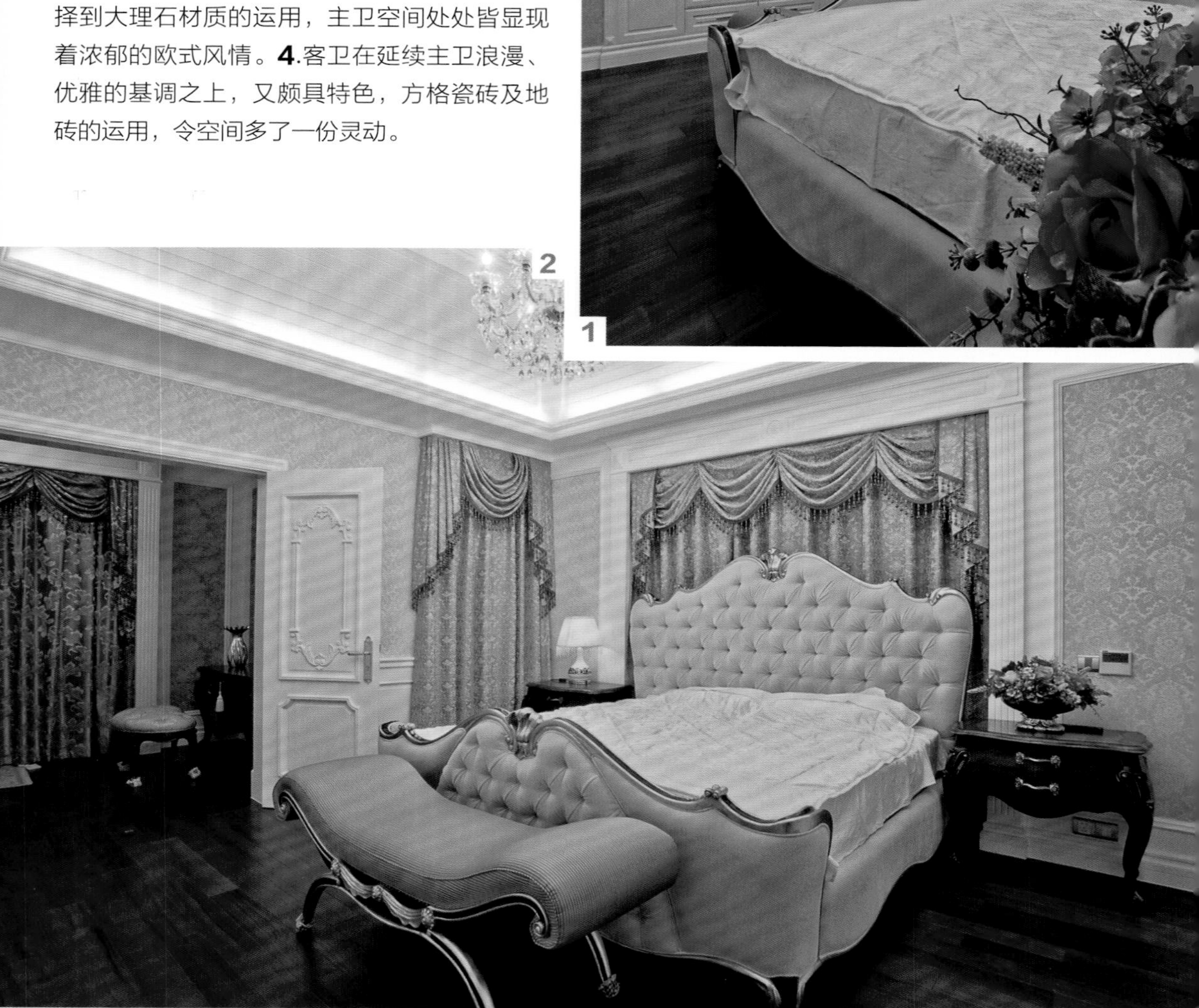

3
4

5.厨房空间较大，采用U形整体橱柜，既有效减少了空间的空旷感，又以强大的收纳功能，提升了空间的整洁度。6.楼梯设计同样将欧风进行到底，极具欧式风格的栏杆配以精心雕琢的花纹，再搭配着图案典雅的壁纸，可谓于细节处见真功夫。7.古典欧式的实木餐桌，以及与之相得益彰的皮质座椅，无不令餐厅弥漫着浓郁的文化气息。

款语温言话家居

欧风古国

European wind civilization

古典欧式风格有哪些设计元素？

1.拱门是欧式古典风格的重要元素之一，在走廊上连续使用的圆顶拱门极具视觉延伸感。拱门在色彩上以白色、深木色为主，带有浓浓的优雅和怀旧的气息。

2.罗马柱源于古希腊的庙宇建筑，在家居中柱式线脚的装饰比较复杂，柱高、柱径、尖齿凹槽等都需要非常严谨。

3.壁炉一直处于欧式古典风格装饰的核心位置，并产生了多种显著的样式：文艺复兴式、巴洛克、现代风格等，这些壁炉的样式和建筑样式、室内装饰风格密切联系，成为室内风格重要的表现部件。

艳遇花朵

Love flowers

花朵总是芬芳、花朵总也多情，带着暧昧的心思，**让花朵绽放在家中目光所及的每一个角落**。在此艳遇花朵，**艳遇家中的美色**。

户　　型：三室两厅

面　　积：120m²

预　　算：17万

设 计 师：刘耀成

材　　料：加厚水曲柳、不干胶雕刻、手绘画、墙纸等

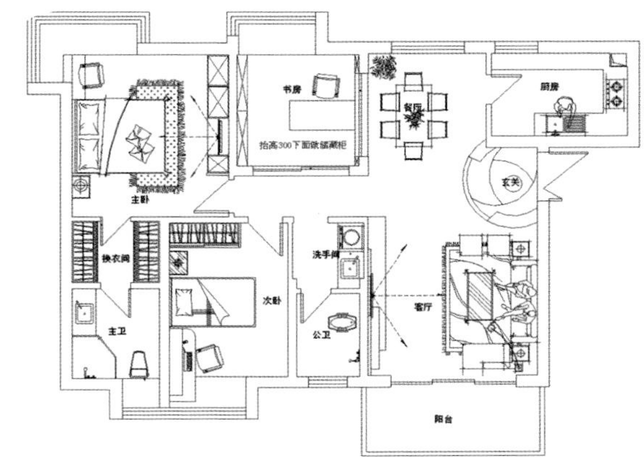

※ **平面布置图**

花朵，家居中永恒的美色

有些经典非但不会随着光阴的流逝淡出我们的视野，却能在岁月不断的更迭中日臻完美，就如那些经典的图案，盛放的永远是一种年轻优美的姿态。在这个静谧的时刻，镌一缕优雅的情思，用画笔在家中的大小角落摹画出花朵的样子，馥郁芳醇之中，明晓你就是心中永恒的美色。

艳遇花朵
Love flowers

A

媚·态度

在朴素的家居环境中引入瑰丽的花朵饰品，或是一丛婉约的蝴蝶兰，或是让花朵“开”满居室的角落，这些信手拈来的设计元素，却在无意间装点出妩媚与智慧的生活态度。

B

色·彩妆

空间色彩看似单一，却暗藏着无穷的变化，黑白灰的交错，描摹出低调而典雅的空间妆容，最是那点点红色的渲染，更令整体空间彰显出犹抱琵琶半遮面的雅致之美。

C

软·环境

植物无疑是家居环境中绝妙的装饰品，在居室中摆放上一簇清新怡人的马蹄莲，整个空间仿佛都随之轻盈起来，活力就这样不动声色地跳跃而出。

C

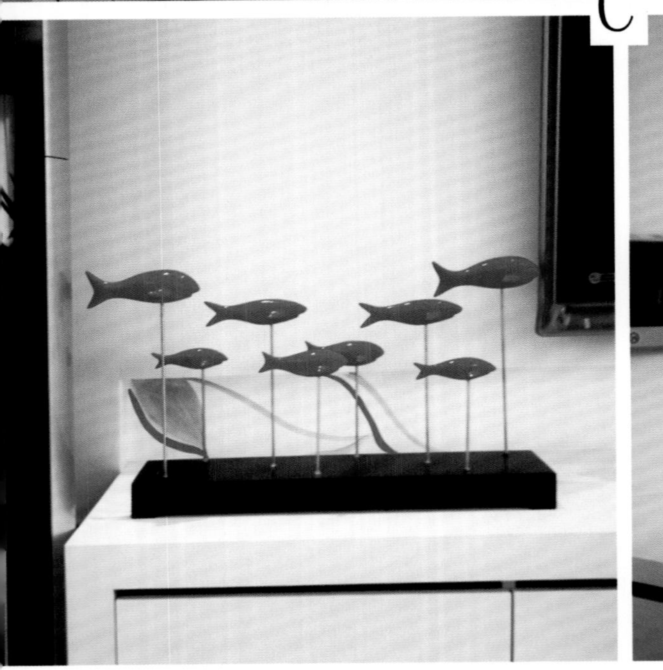

1.背景墙、床品均以花朵作装饰，空间中以鲜花做呼应，令卧室的基调和谐而统一。**2**.镜子仅仅作为餐厅装饰的一部分，却令角落里的光影趣味重生；而繁花散落的镜面、墙面、座椅更是在空间里顾盼生姿。**3**.不假雕饰的卫浴空间，在此用一丛芬芳的小花点亮色彩，在这里守候它的生长，生活也像花儿一样绽放。**4**.阳光慢慢温暖着素洁的空间，仿若令纵深感极强的过道不事张扬地散发出优雅的清香。

艳遇花朵 Love flowers

款语温言话家居

家居中如何妙用花朵元素？

1.妙用花朵主题的壁纸：花朵图案是壁纸种类中长盛不衰的一个主题。现代风格的壁纸多采用局部大花型设计，突现一枝独秀的简约；而乡村和休闲风格的壁纸，则常用小花铺陈。

2.妙用花朵面料的软装：软装更换灵活、应用简单，一袭花朵图案的窗帘就能令空间熠熠生辉，而靠包、坐垫、桌布、床品这些更是能让鲜花盛开的地方，此外花朵图案的装饰画则是任何家居风格都适宜的百搭品。

3.妙用花朵图案的彩绘家具：花朵图案也是彩绘家具的永恒主题，配备一两件盛开鲜花的彩绘家具，是让家居环境充满活力的捷径。需要注意的是，彩绘家具通常由人工手绘完成，工艺和艺术水准参差不齐，故数量不宜过多，作为调剂和提亮的搭配就好。此外，安放花朵图案彩绘家具的最佳场所一定是门廊、门厅、阳光房等半开放或者明亮的空间，这样才能最大限度地发挥彩绘家具的装饰作用。

社交空间

Social space

我们一直提倡室内空间要保持最大限度的灵活性、可塑性与多样性，如此一来，亲朋好友欢聚一堂时，便能深刻体会到空间灵活变动的好处。这样的**空间可以是一种能够觉察的韵律，以一定的方式作用于一切人**。

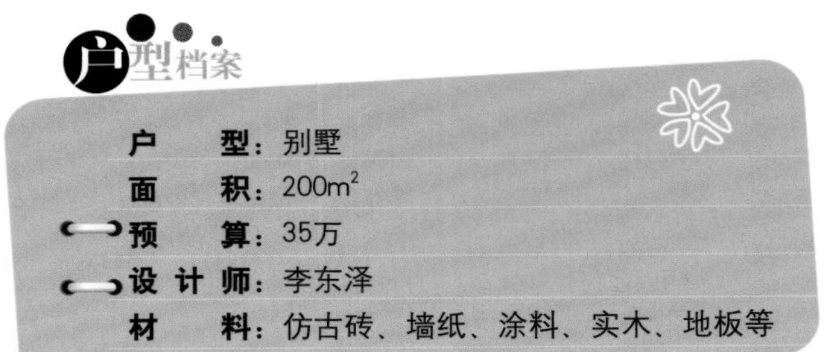

户　　型：别墅
面　　积：200m²
预　　算：35万
设 计 师：李东泽
材　　料：仿古砖、墙纸、涂料、实木、地板等

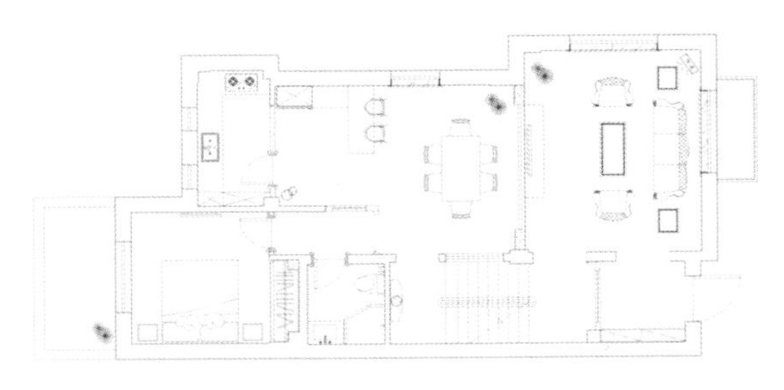

※ 底层平面布置图

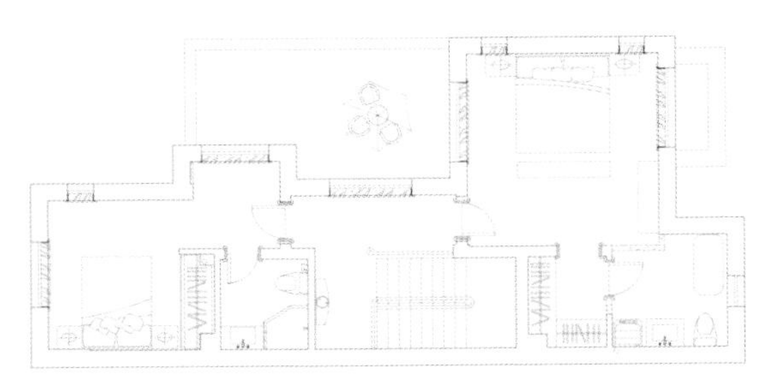

※ 一层平面布置图

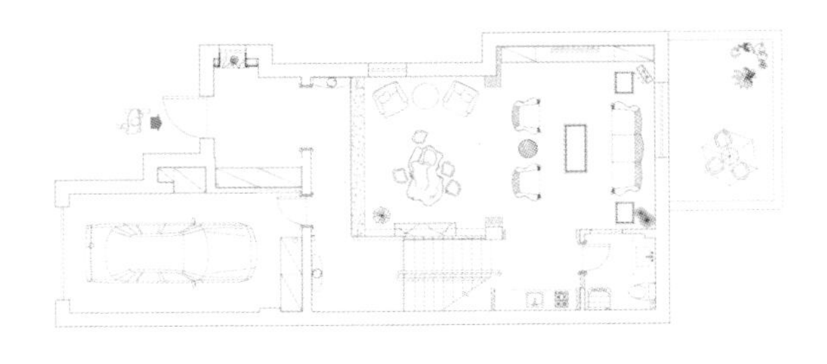

※ 二层平面布置图

客厅·最佳会客空间

客厅是家中最重要的区域，它的风格决定着整体居室的基调；而这里也时常成为来客最主要的停驻地，在此倾谈畅聊，尽享人世间的美丽心情。

布置要点：

沙发是布局的重点，这里是亲友汇聚的焦点位置，因此如何能达到会客的最佳状态，沙发的摆放非常关键。另外，沙发的背面、侧面都是会客的潜在空间，周遭的家具或可以摆放妆点环境的饰品，以增加聊天的话题，也可以摆放些点心、水果，用以款待来客。

餐厅·最佳交流空间

如今越来越多的人注重情感的交流，时常会选择在家宴请亲朋好友，因此餐厅就成为了人们交流情感的场所。

布置要点：

由于用餐区域中的餐桌和餐椅每天都要使用，所以务求舒适耐久。餐桌的质料需足够坚韧，要经得起一般的碰撞；餐桌的尺寸则以能够让每位餐客环肘，并可向座位后方移动为原则。

地下室·最佳休闲空间

地下室由于其特殊性，通常会被设计成视听室、棋牌室、饮茶室，而这些休闲手段，也正是人们娱乐的重要项目。

布置要点：

因其独具的功能性，要求空间布置尽量简洁，做到应有的配置必不可少，而多余的设施必不可有，这样才能令空间最大地发挥出自身的特点。

空间体现出自在、随意、不羁的生活方式，没有太多做作的修饰与约束，却拥有着欧罗巴的奢侈与贵气，但又能从中找寻到新怀旧主义的文化根基。

1 2

4 3

1.质朴的木地板搭配精致的地毯，雅致的壁纸搭配典雅的装饰画，素雅的床品搭配舒适的睡床，整个主卧呈现出截然不同的视觉形象，令空间格调变得十分精彩。**2**.客卧空间，通透明亮，风格延续主卧，尽显雅致情怀。**3**.承上启下的楼梯空间，规整、利落，没有丝毫繁复的用笔。**4**.地下室中的一角，独特的装饰造型令空间别有一番风味。

款语温言话家居

社交空间
Social space

如何打造注重社交的居室?

1.如果经常在家中举办聚会，在选择家具时不妨遵循“两大三小”的原则，首先“两大”为：座位大，要足够容纳十余个人；地面大，可以留出足够的空间让客人们随意走动。“三小”为：茶几小，但需要层次多；座椅小，但需要摆放多；景观小，但需要数量多。

2.在家中摆放漂亮的花艺和与众不同的装饰物，最有先声夺人的效果。因此，在适当的位置，摆放这些饰品，很能体现主人迎客的心思。

凝固的艺术

The art of solidification

艺术所带来的震撼美感，令人沉醉而不能自拔。**将艺术的美凝固在家中**，打造一个“极炼如不炼，出色而本色，人籁归天籁”的极境。

户　　型：四室两厅

面　　积：226m²

预　　算：106万

设 计 师：苏凯

材　　料：石材、仿古砖、木艺雕刻、壁纸等

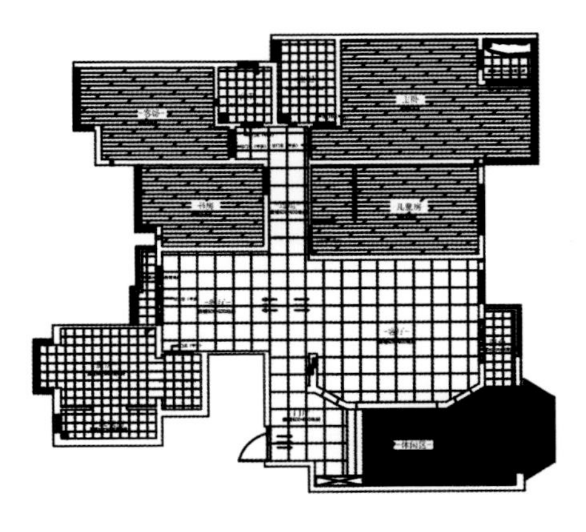

※ **平面布置图**

韵味十足的通透空间

明净的落地窗将自然光和谐地引进客厅，而曼妙的窗帘则在柔和光线的同时，也将客厅妆点得无限华美。与整体色彩相得益彰的地板，配合着雅致的沙发，令整体空间的韵味十足。雕花背景墙则令客厅的古典风格更加纯粹。

在花开烂漫中尽享人生美味

餐厅中追求精致生活的意愿，无处不在展现：圆形餐桌的色泽和造型都不动声色地遵循着古典风格的大气与沉稳，与之交相辉映的古典铜灯则将品位与奢华演绎得淋漓尽致。

放置安睡心情的静谧花园

卧室是家中最私密的空间，也是最能令人放松的处所。将家中的卧室营造成一处静谧的花园，令与之每一次的接触，都充满畅然、温柔的心情。

1

2

对页：**1**.主卧中最令人心仪的角落，无疑是“阳台”这一方净土。简洁而充满古韵的陈设与追求静雅的理念不谋而合，置身其中，仿若可以嗅到空谷幽兰的气息。**2**.主卧格调清幽、雅致，从窗帘到壁纸，再到床品的选择，皆体现着一种低调而内敛的美。**本页**：**3**.无论是壁纸还是床品，以及散落在各处的大小玩具，无不令儿童房充满童趣。**4**.客卧中藤制座椅与睡床的运用，令空间散发出浓郁的乡村田园气息；与之相呼应的是床品与壁纸的选择，清雅的图案仿佛轻声吟诵一段优美的梦境。

1.造型感十足的洗手台尽显典雅气质，与之相呼应的菱形块复古壁砖低调而沉稳，整个卫浴间散发出浓郁的古典情调。**2**.古韵盎然的大理石地砖与精致美妙的罗马柱，令过道充满异国情调。徜徉于此，仿若置身于欧洲教堂，令人流连忘返。**3**.充满自然气息的入户花园，为生活更添一丝悠然自得，木质原色吊顶以及摆设其间的花草，令空气中弥漫着属于自然的鲜新味道，在这里可以尽享品茗的畅然与生活的雅致。

2

1

3

书桌前的油画
不仅为室内
添加增添了一块温暖的色彩
也恰到好处的
中和了色调偏重的书柜
所带来的沉闷感觉
置身于
散溢着艺术气息的书房
仿佛不经意间的思考
也变得轻盈
自由起来

凝固的艺术
The art of solidification

款语温言话家居

如何营造欧式风格的家居？

1.可以选择一些比较有特色的墙纸，比如画有圣经故事以及人物等内容的墙纸，可以诠释出典型的欧式风格。

2.欧式风格的家居中，家具的选择主要强调力度、变化和动感，可以选用华丽的沙发，来突显空间的气质。

3.欧式风格的家居配色大多以白色、淡色为主，可以采用白色或者色调比较跳跃的靠垫配白木家具，亚麻和帆布的面料就不太合适。

4.在欧式风格的家居空间里，最好能在墙上挂金属框抽象画或摄影作品，也可以选择一些西方艺术家名作的赝品，比如人体画，直接把西方艺术带到家里，用以营造浓郁的艺术氛围，表现主人的文化涵养。

明快的格调、艳丽的色彩、恬静的灯光，这些元素极力彰显出现代女性独特的时尚品位，以及高雅的生活情趣。在家中多一些女性主张，无疑是令生活品质得以提升的捷径。

户　　型：三室一厅

面　　积：170m²

预　　算：32万

设 计 师：朱超

材　　料：地板、特地陶瓷、壁纸、釉面砖、马赛克、艺术漆等

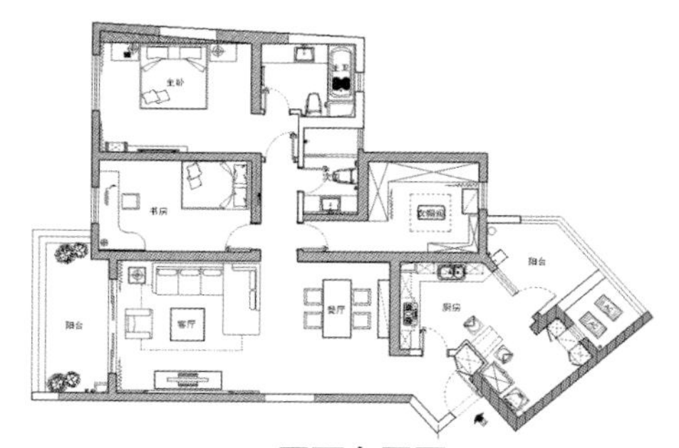

※ 平面布置图

女性主张
引发家居空间恒久热恋

“站在高跟鞋上，我可以看到全世界”，当《欲望都市》里的女主角Carrie宣泄着自己女权膨胀的自信的同时，我们周围似乎一下子多了许多类Carrie 的时尚潮女。她们虽没有《穿Prada的女魔头》里的女主角那么幸运，但她们却有着与其相比过犹而无不及的张扬自我，她们笃定自信，更有着对美好事物的坚持追求，抑或改变男权世界的勃勃雄心。在风起云涌的今天，信仰可以被改变，爱情也会逝去，而稀有美丽的东西却可以引发人类世代传承的恒久热恋。你不得不承认，女性主张已经开始大张旗鼓，深入整个家居空间！

A

妆容·色彩

女性的妆容，是令人炫目的风景；色彩为其脸部，描摹出妖冶的容貌与妆容。家居空间，借用女性的眼光，为其画一次彩妆，无论是鲜艳的红，还是流离的色彩配，都有着令人无法抗拒的妩媚风情。

B

心思·装饰

没有一种趋势，可以涵盖全部的时代标签；但有一种思想，可以尽数显现女性的玲珑心思，那就是用艺术的视角演绎日常生活。黑白装饰画作，耐人寻味，无需刻意铺张，就令家居空间成为一间艺术画廊。

女性主张

Women's advocates

C

气质·空间

空间的美，并非囊括世间美物，便可称其为“姿色”；正如女性的美，容颜的不可方物固然令人沉醉，但一笑一颦、一举一动间流露出的气质，才真正动人心魄。

C

1

2

对页：**1**.餐桌上的鲜花与台布，并不是简单的用来妆点，它们仿若以女性的视角提醒着我们应时刻懂得感恩、欣赏、分享和喜悦。**2**.以轻松而不失浓烈的色调，为卧室营造出别样的质感；纯棉的床品透出一丝舒适优雅的气质；各色装饰点缀空间，仿若在梦里画下一幅山水。**本页**：**3**.厨房空间仿若一位知性的女子，红色是其欢快的表情，白色是其纯然的思绪，棕色是其沉稳的心境。

3

4

6

5

4.卫浴简洁中不失情调，无论是花朵纹样的壁纸，还是拼搭而就的马赛克地面，都毫无保留地体现出女子细腻的心思。**5**.通往衣帽间的过道，没有任何繁复的装饰，仅是一幅简单的装饰画，就足以令人感受到家居的“美貌”。**6**.衣帽间无疑是家中最能体现女人味的地方，这里决定了女人的外在魅力，不需要追求鎏金的生活品质，只在意能在此找到最令人自信的美。

款语温言话家居

女性主张

Women's advocates

如何营造具有女性情调的家居?

女性主义家居好比是一位风情万种的女子，除了身段外，更重要的是味道、文化内涵等。因此，营造女性主义的家居需要注意以下几点：

1.色彩。多种色彩的组合是风尚，就像王家卫的《花样年华》，女性主义的家居不妨迷失在旗袍包裹出的迷幻色彩之中。

2.款式。女性往往钟情于体积相对的小巧、功能相对较多的家具，如矮体家具、造型奇异且可随意变换形态的软体家具等。

3.品质。品质包含文化气息和美学积淀，高品质生活的体现在于完美的细节。家居的形式、档次、风格、配色，归根结底都是生活品位的现实体现。

沁润·乡村

Cool country

浮躁的初夏午后，耀眼的阳光穿过树梢绿叶闪烁，酷暑的脚步随着微风步步紧逼，在这样的节气，不妨打造一个**乡村之家**，在此体验来自于自然的**沁润与清凉**。

户　　型：联排别墅

面　　积：300m²

预　　算：180万

设 计 师：张禹

材　　料：石材、壁纸、玻璃、实木板、仿古砖、马赛克等

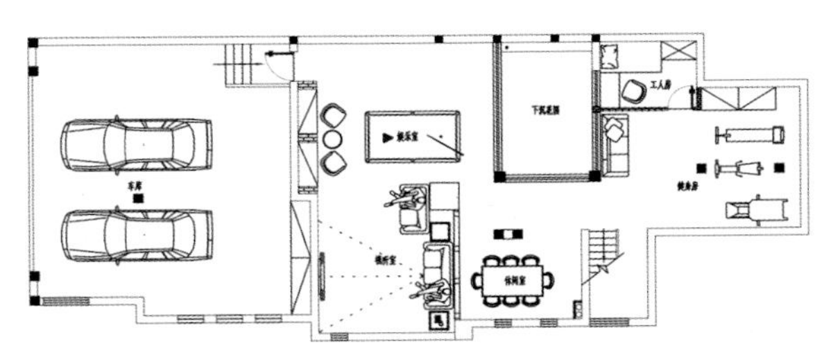

※ 负一层平面布置图

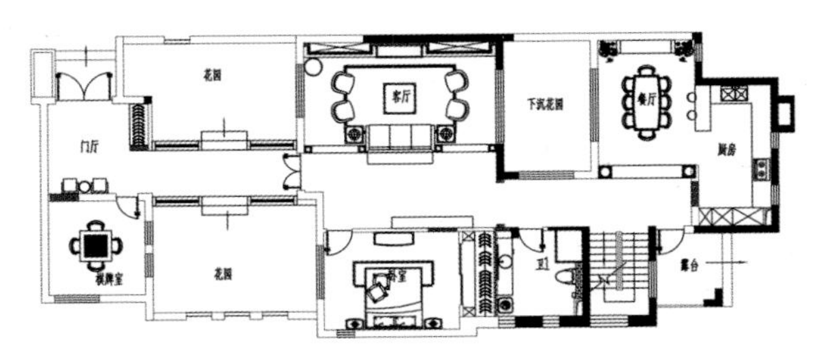

※ 一层平面布置图

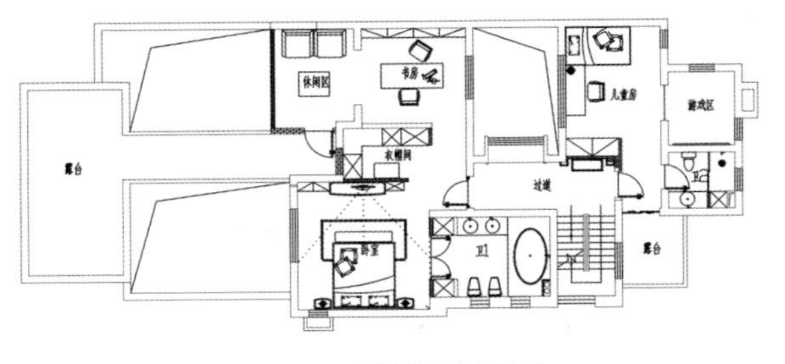

※ 二层平面布置图

纯朴自然的乡村风

1

1.纯朴的细节混合流线型家具，带来了新与旧的平衡。敦实却柔软的沙发是真正舒适的地方，田园味十足的装饰和布艺，令空间呈现出纯朴与现代交织的乡村风情。

2

2.红色砖墙搭配拱形窗，令人仿若置身一处森林深处的木屋之中；白色餐桌上的琉璃光盏，文艺范十足；整个空间尽显森林的气息。

3.木质餐桌椅以及装饰柜，为空间奠定了自然乡村的基调，而妆点其间的鲜花、绿植，更为二楼的餐厅空间注入了来自于自然的清新味道。

3

2

1

3

质朴怀旧的温醇风

1.浓艳的色彩以及灵动的线条，为主卧勾勒出一幅古朴而妩媚的画面。

2.客卧的精致在于点滴的聚合，古朴的睡床、典雅的灯饰、独特的吊顶、精美的壁纸……都是最好的证明。

3.摆脱千篇一律的生活，拒绝空间的特定用途，在过道的一侧打造一处古韵十足的休闲区域，令原本平淡无奇的角落变身为风景。

柔和舒缓的素雅风

1.对现代人来说，厨房是调节情绪、增添生活情趣的温馨空间。这里的物品不仅是厨艺道具，更是情趣之选，清雅的橱柜和美丽的鲜花仿若令春色延伸到这里。

2.两处不做封闭的造型门，令过道空间更具通透之感；过道尽头的装饰画及独特的吊灯，则令空间更加引人入胜。

3.在家中的角落，打造一处颇具风雅的景致，不仅丰富了空间的表情，也提升了家居的品位。

1

2

3

浅缓天然的轻度风

1.水一样颜色的浴室，把控住了现代主义的风格特征，家具和饰品的线条都极具流动性。

2.玻璃具有通透、轻巧、扩大空间等得天独厚的优势，因而在家中打造一个以玻璃为主的卫浴间，那份畅快、清凉难以言表。

3.沁凉的材质、通透冰爽的色彩都是令卫浴间焕然一新的妙招。

2

3

1

款语温言话家居

如何营造美式乡村氛围的家居?

1.布艺的天然感与乡村风格能很好地协调，各式花朵图案的布艺沙发备受美式乡村风格家居的宠爱，它们所带有的甜美的乡间气息，给人一种自由奔放、温暖舒适的心理感受。

2.美式乡村风格的家具造型简单、明快、大气，而且收纳功能强大。在细节上的雕琢上也匠心独具，如优美的床头、床尾的柱头及床头柜的弯腿等都是曲线造型。

3.各种插花、开花植物，也能给家中带来清新的田间气息，因此也成了这种朴素的装饰格调的重要组成元素。除了真花，其他装饰性的花，比如碎花壁纸，小碎花花布等也都有很好的表现力。

4.美式乡村风格的居室一般尽量避免出现直线，拱形的垭口，门、窗都圆润可爱，营造出田园的舒适和宁静。

静好岁月

Static good years

家是一片祥和的绿洲，**禅意、宁谧**，且别具**诗意**。在此清心聆听一曲《高山流水》，不为曲高和寡，只为这——**最为纯净的美**。

户　　型： 三室两厅带地下室

面　　积： 156m^2+60m^{2}地下室

预　　算： 25万

设 计 师： 刘耀成

材　　料： 墙纸、大理石、地板、马赛克、抛光砖等

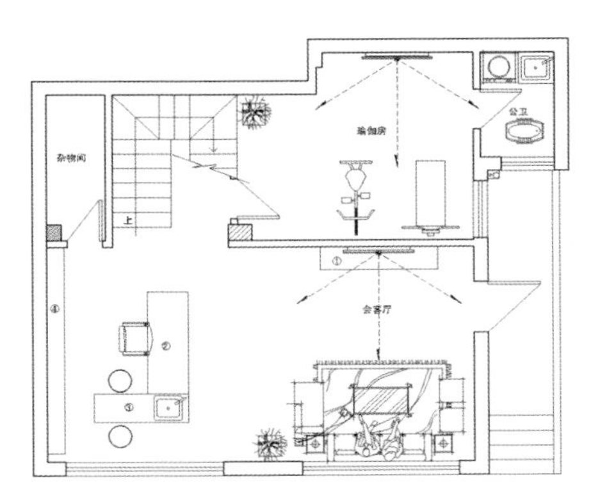

※ 一层平面布置图

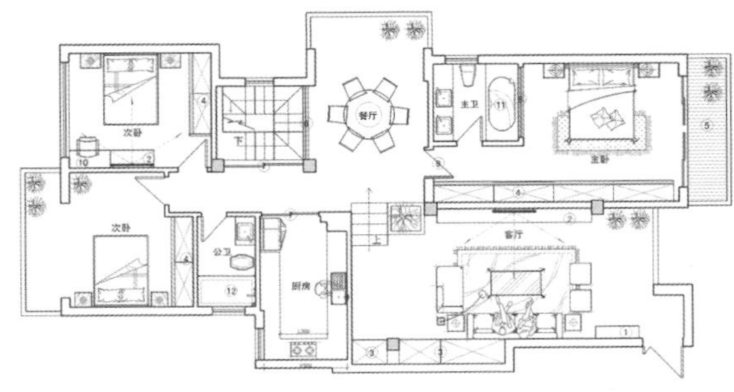

※ 二层平面布置图

清简素雅下的“禅意”

空间整体风格清简、素雅，白色的静谧令客厅盈满了优雅的感觉，同时家具也未做过多选择，边柜清浅的色泽延续了整体空间的朴素风格，低调的款式也符合佛家禅意的格调，而黑色沙发的运用，并未打破空间内敛的气质，舒服的布艺材质却为生活增添了一份休闲中的惬意。此外，点缀其间的绿植、配饰，为空间带来了生动而丰富的表情。

细节中的精致

从淡色墙面与方格壁纸的搭配，到简单、大方的卧床选择；从造型简约的低姿家具与玲珑配饰的呼应，到经典水墨画流动出的气韵……这样的空间中没有一丝出格的气息，却能令人安静地深思——即使没有华丽的装饰，也可以制造出意蕴于朴素中的那份精致情怀。

“零时差的自在感”

打造一个能让人遗忘掉时间的居室环境，能为人带来一种零时差的自在感。可以在家中多给自己留一些有功能的角落，譬如窗台上，或者转角处，因为角落相对于中心而言，更容易令人放松。当然，自然光源的引用也不可或缺，用它来控制室内光影的形态，沐浴其间便会忘记时间的存在。

1 2

3

4

1.浅色调空间中如果全用同色系的装饰就会显得单调，适当辅助深色家具则可以避免这种缺陷。黑色写字桌在空间中是视觉的焦点，高对比度令淡色环境更具纯净、透明之感。**2**.圆形餐桌与流畅造型的餐椅搭配，令餐厅表现出柔和的美意；华贵的吊灯与造型独特的装饰，更为空间增添了艺术感觉。**3**.浴室运用清透纯净的浅色作为底色，令空间呈现出清新的气息，清爽而又透气。**4**.健身房中浅淡绿色的运用，为居室中带来了自然的气息，仿若令人在运动中也能呼吸到来自于自然新鲜的空气。

款语温言话家居

静好岁月
Static good years

如何营造禅意家居？

禅意家居“简静、和寂、清心”，这种室内设计，追求的是一种贴近心灵的理念，以及力求营造一个返璞归真、宁静自省的意境。禅意家具材料多为原木、纯棉、藤条、麻葛等；色彩和煦清心，可以选用白、茶、青灰、米色、驼色等；设计风格低矮、宽平、单纯，就好像繁华落尽之后，剩下的那一颗宁静的心。

空间通透
占得韶光
在此轻眠
体验岁月中
如诗般的静好

空间瑜伽

Space Yoga

瑜伽寓有结合、联合、统一之意，运用姿势的技巧，令人达到身体、心灵与精神的和谐统一。如若在家居中充分运用**一体化设计**，将色彩、风格**和谐统一**，一场**空间瑜伽**，正在进行中……

户　　型： 别墅

面　　积： 160m²

预　　算： 22万

设 计 师： 王飞

材　　料： 乳胶漆、大理石、抛光砖、地板、墙纸等

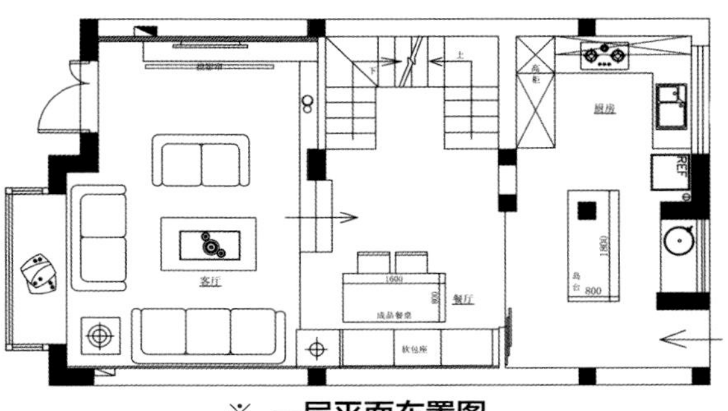

※ 一层平面布置图

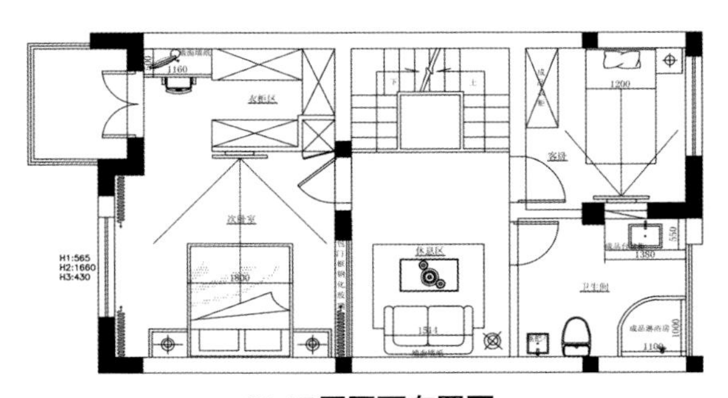

※ 二层平面布置图

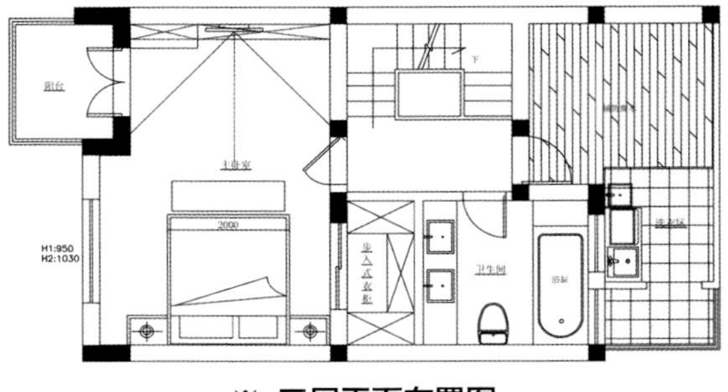

※ 三层平面布置图

以线导读

线条的语言极为简单，一目了然；线条的语言也最为复杂，往来交错。尽管人们更倾向于曲线的优雅，但当横平竖直的直线

“轻吟”出一个打动人心的空间时，直线的魅力则令人惊讶。从大门进入会客厅的一脉动线，将直线条的收放自如展现得如行云流水般顺畅。在极简的设计中，运用直线塑造出的空间，令人放下欲望的负累，只享受从容的时光。

简约的魅力

简约不是单调、呆板，而是一种充满设计感的简洁。在这个家中，无论是家具还是饰品，都有着流畅的线条以及优美的形态。从大门步入客厅，从客厅到餐厅，目之所及处都是白色。白色的墙、白色的天花、白色的沙发，其间零星地搭配些棕色家具以及用线条塑造的靠枕和窗帘，虽然在颜色的选择上极其简约，却因为点缀了不同亮度与纯度的深色陈设，显示出自然与大气的姿态。

1.客厅从配色到装饰，都简单至极，却并不流于空洞，因色彩的深浅交错，令空间有了跳跃的感觉。**2**.素雅的卫浴空间通透而明亮，浴缸处一抹绿色的点染，跳脱出生机无限。**3**.餐厅中朴实的桌椅造型，极简的色彩搭配，无声地吻合着整体空间简约的理念。

“加减”有道

素洁的色彩，利落的线条，朴素的材料，仿佛这是一个简洁至极的减法空间，但仔细观之，就会发现家居的细部却有着“加”的游戏。木地板铺就的地面、点缀其间的各色装饰，这样隐匿的“加法”，既呼应了空间简洁的主题，又丰富了视觉的感受。

款语温言话家居

空间瑜伽

Space Yoga

现代简约风格的家居有哪些设计原则？

简洁和实用是现代简约风格的基本特点，但简约风格不仅要注重居室的实用性，还要体现出现代社会生活的精致与个性，符合现代人的生活品位。现代简约风格的家居往往以黑白灰为主色调，同时在硬装方面多以“直线”为处理方法。如果既想保留“简约”，又想避免空间过于简洁，可以采用一些植物或花卉作为空间的点缀，但原则是颜色不宜过多。

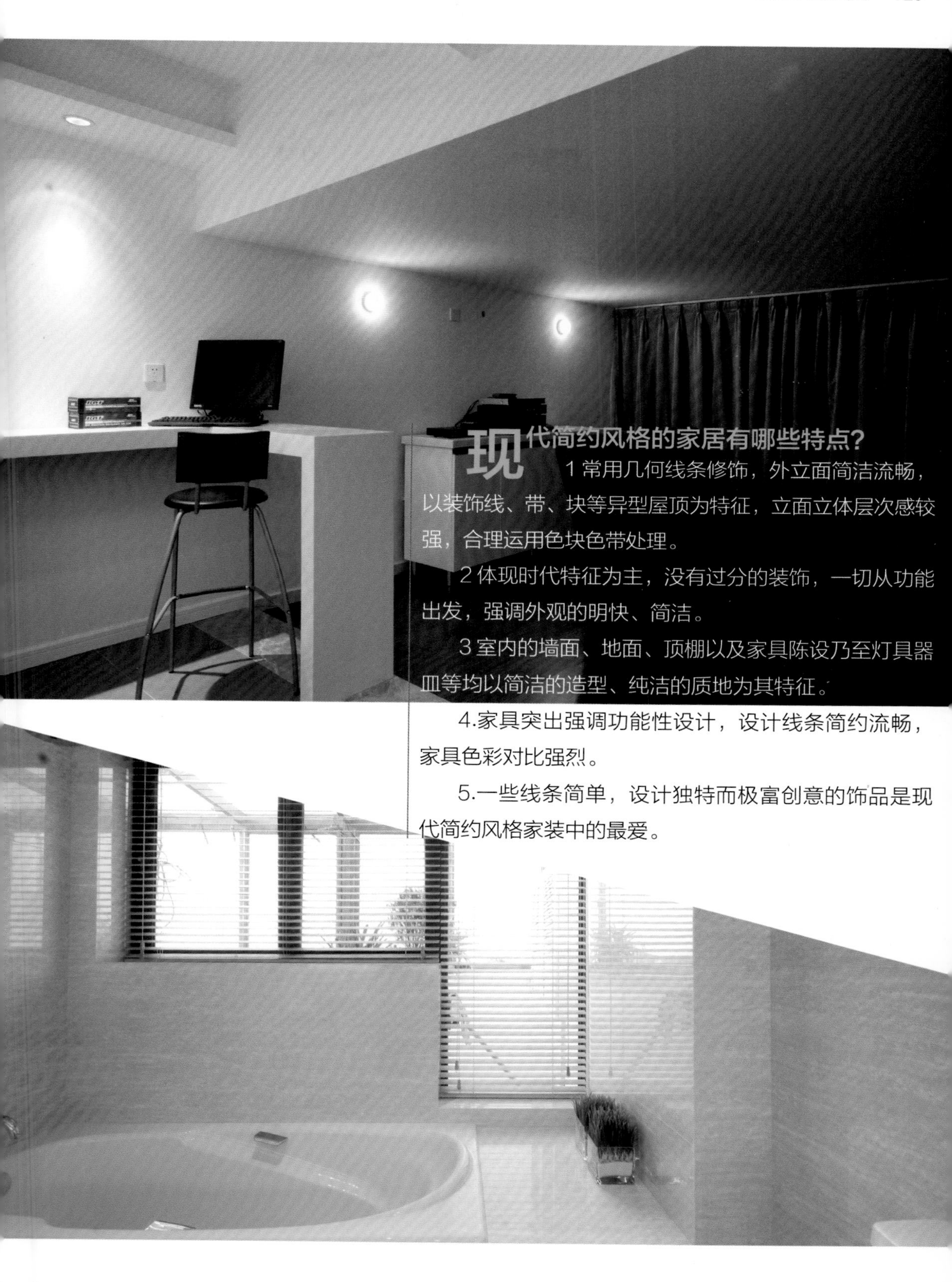

现代简约风格的家居有哪些特点？

1 常用几何线条修饰，外立面简洁流畅，以装饰线、带、块等异型屋顶为特征，立面立体层次感较强，合理运用色块色带处理。

2 体现时代特征为主，没有过分的装饰，一切从功能出发，强调外观的明快、简洁。

3 室内的墙面、地面、顶棚以及家具陈设乃至灯具器皿等均以简洁的造型、纯洁的质地为其特征。

4.家具突出强调功能性设计，设计线条简约流畅，家具色彩对比强烈。

5.一些线条简单，设计独特而极富创意的饰品是现代简约风格家装中的最爱。